槎溪藝菊志

四

嘉定陸廷燦扶照氏輯

詩 四

太師黃　　錢福

雨露沾濡寵渥深五雲樓閣映腰金任他搖落風霜後蹇蹇還存一片心

相袍紅

九日平章宅裏過舊袍零落已無多花神昨夜勞金剪瓣瓣分明簇絳羅

狀元紅

白帝宮前第一名百花頭上逞豪英夜深折得歸來後翻笑金吾不禁行

狀元黃

繞籬叢玉正攢秋獨向西風奪狀頭紅紫縱妍非正色也須隨我步瀛洲

探花白

露洗鉛華冠衆英如何品作第三名芙蓉亦向秋江老相對西風恨不平

金寶相

妝容燦燦不沾塵想像西方丈六身不藉天公雕琢

力本來面目自然真

玉寶相

仙葩不與衆芳同嗤彼紛紛紫間紅幾度曉來和露看却疑太乙現真容

金帶圍

荔枝花臙茜羅袍誰束淵明懶折腰此日金縈天特賜絶勝官到六卿僚

黃西施

吳宮珠翠不關心徧體衣裳盡鬱金范蠡功成身自退恩情不比舊時深

白西施

姿容傾國雪膚寒與越亾吳更不難知是夫差恨遲見伍員何事獨羞看

蜜褐西施

一入吳宮學道粧綠衣今已換黃裳苧蘿山下雖生長麻苧裙衫色盡忩

紫西施

吳宮花草久成塵何事西施幻此身想得嬋娟舊時貌紫羅衣色更精神

粉西施

屧廊香徑不堪論內苑無人見淚痕勻得粉容渾是雪吳王宮殿又黃昏

醉楊妃

侵曉承恩宴未央流霞微透玉肌香侍兒扶起嬌無力可道君王認海棠

大楊妃

楊家姊妹貌無雙大姊高如小妹妝昨夜月明清露下粉紅香襯濕羅裳

二色楊妃

輕紅淡白兩相宜正是新承雨露時千古香魂消不盡誰憐寂寞寄寒枝

白佛子

妙相堂堂不染埃雪山今喜見如來一枝真白都妝徧懶作金身化現開

佛座蓮

花朵如蓮地有靈曹溪分水灌秋莖只愁惠遠來相見折取霜枝入化城

僧衣褐

莫遣秋容濕露華好留顏色映袈裟如今白社多零落惟見籬邊一種花

孩兒紅

生長風霜寄小籬褓中肌骨未能携隨他月色寒如水穩卧花房不夜啼

大八寶

煌煌光照鬱金衣不是腰間帶一圍三徑有花能富貴可知陶令竟思歸

小八寶

花神小妹出花房兩股銀釵入寶妝清氣逼人眠不得夜來籬落有微霜

紫綬金章

金門待漏五更寒立馬齊披錦一團花外曉來珂珮響只疑秋色在長安

紫羅衫

長楊風色報新涼紫色羅衫試短長獨有趙家雙姊妹娉婷偏勝六宮妝

紅羅衫

新織紅蓮趂體裁俏于腥血炫香腮晚涼獨立斜陽裏不避淵明醉酒來

金毬子

朶朶能全造化工自然圓轉更玲瓏不知費盡功多

少妝褁凉秋富貴中

銀毬子

九日陶家趣儘優繞籬却挂白銀毬明朝有酒還來賞分付兒童莫便收

金彈子

縱獵王孫競出遊雕鞍駿馬紫茸裘金丸抛落疎籬下買斷西風九月秋

十様毬

五柳先生宴不休傲霜枝上挂香毬相看直待秋光盡莫爲西風便捲收

水晶毬

拾得龍宮照濼犀雪光瑩潔水寒時高懸欲向通明殿莫使三郎醉裡知

大金毬

色比黃金大似毬十分巧奪十分秋小園任與人遊賞不許輕攀插滿頭

紫粉毬

老眼驚看絕品花團圓摇動晚香斜只疑閨女晨妝罷殘粉輕抛濕紫霞

黄粉毬

似將鉛蠟製爲毬不滚香羅襪半鈎勿謂渾無圓活
處儘陪詩酒送殘秋

赤英毬

花簇猩紅滚作團數枝低傍玉闌干秋風紅葉知多
少莫作尋常一樣看

象牙毬

花朶團團帶露華不勞彫琢自然嘉東籬細細從頭
看顏色渾如象口牙

白粉毬

素香撩亂撲金尊欲轉尤還護粉痕幾度玉人臨水

折恰如纖手弄冰輪

紫繡毬

花朶渾如紫繡毬西風蹴弄幾番秋任他宮女忘能
巧多少工夫到此優

大紅毬

花容嫵媚獨娛人映日光華血色新縱使陶潛無酒
飲悠然相對也忘貧

出爐銀

彷彿西風並二喬粉紅香色膩綾綃不知誰向秋林
畔儼似爐中造物銷

疊疊勝

看到千重與萬重重重顏色媚秋風要知朶朶開來好除却斯花盡不同

銀疊雪

月明何處覓花枝踏徧寒霜過短籬一白照人渾不見也應疑是雪深時

青心蓮

濂溪夫子近如何一點丹心想未磨我借劉郎詩句比白銀盤裏看青螺

雀舌瑪瑙

巧捲花如雀舌尖含風沐雨更纖纖色同瑪瑙渾無二評到群花價倍添

鶯羽黄

落盡殘紅處處啼誤來籬落洒金衣霜毛片片都零亂風動花鈴不肯飛

玉指甲

拈霜剔露映花明指上纖纖玉碾成好似青樓春夜飲素紗籠月看彈箏

秋牡丹

萬花頭上不爭雄歲晚氷霜獨逞功千古淵明並高

節任他姚魏自春風

五九菊

端陽賞過又稱觴寒暑原來各有香自是仙花分兩
種不關遭遇兩重陽

萬卷書

陶令官閒性懶如歸心只憶舊田廬酒資餘外應無
有幾本黃花萬卷書

樓子紅

崇高難上摘星辰百尺珠簾倒捲春若說當年金谷
事對花還憶墮樓人

赤英臺

細瓣新將蜀錦裁是誰呼作祝英臺主人張幕能調
護不畏秋霜滿意開

銀硃紅

滴露研成寶鏡中點殘周易幾星紅剩多無用渾拋
却酒上花枝色盡同

鷄冠紫

鬬坊霜落五更寒絳幘斑斑血未乾今日花容儼相
似只無三唱報平安

錦裙襴

姿容傾國又傾城來向東籬玩月明不是錦裙偏稱
體如何形得步盈盈

紫丁香

香綿薄襯紫茸茸愁結花心露洗空惟有小枝風外
朶繡羅衫上看來同

沉香盤

花似沉香朶似盤朝來滿受露華寒楊妃若有寬些
子舞與三郎醉裏看

黃瑪瑙

花品應從海外來中原土沃盡培栽年年慣與秋爭

價每到重陽不肯開

紅菡萏

花神彩色不爲緋只比尋常縞素衣昨夜陶家三徑
酒粉粧雖淡映斜暉

玉菡萏

何物堪能比此花白蓮含蕋玉無瑕淵明入社移歸
後開向東籬晚更嘉

賽玲瓏

秋菊名同古妓名櫛風妝露自娉婷主人拍手高歌
處點首無言若解聽

火鍊金

命喪嵬坡萬馬泥氷魂飛上傲霜枝于今撇却東籬落薄倖三郎知不知

錦玲瓏

後宮霜信報新秋綵女三千盡裹頭好似天孫機上錦西風吹落傍妝樓

玉樓春

陶令歸來五柳莊秋芳一種勝春芳玉容自得陽和力不管千林昨夜霜

瑪瑙盤

瑪瑙盤擎琥珀杯東籬日日小筵開花神莫笑空施設應待王弘送酒來

紫霞觴

若教無酒過重陽不負良辰負此觴宴罷渾忩收拾去曉來還捧露華涼

赤金盤

誰向花間捧出來光華爭日淨無埃只因昨夜陶潛醉失却無瑕白玉杯

海棠嬌

分明無力倚闌干只欠三郎着眼看可道仙人肌骨

瘦秋寒〻猶勝怯春寒

白碧桃

黄花采采繞東籬彷彿丹山老鳳儀幾度月明飛不
到西風吹落在天涯

大紅荔枝

浥露渾如血染葩十分顏色映晴霞却疑王母曾捐
核出此希奇一種花

荔枝紅

東籬彷彿是南闕霜後離離色愈新若使馬嵬都種
得香魂千載必疑真

白荔枝

傲霜枝上簇瓊英模樣團團似側生范老未嘗收入
譜不知誰品此花名

勝緋桃

花神醉臉暈流霞不數武陵溪上花莫謂春光偏獨
好西風依舊有繁華

紫蘇桃

花瓣如桃色不同西風吹老剩殷紅餐來若有回生
力好入神農藥囊中

黄瑞香

春風庭院不爭芳歲晚東籬獨傲霜非是看花心目
巧也應難辨瑞香黃

瑞香紫

籬落霜寒九月秋紫羅衫子翠雲裘瑞香若與同開
日合向金風讓一頭

黃薔薇

冷淡秋光勝艷陽宛如宮女額塗黃騷人評品還停
筆剛道薔薇無此香

茹香桃

飽茹清香不易消花開顏色似桃夭飲餘我亦成三
嗅彷彿沉香細細燒

二色芙蓉

花似紅蓮多竝頭茜羅衣薄更宜秋相看剩有王弘
酒分與淵明共倡酬

錦芙蓉

秋江移得到秋籬碎剪天孫錦一機不與石家誇步
幛尚餘文彩絢晴暉

繡芙蓉

新竹編籬手自栽芳姿不照蜀江開花神何事能奇
巧暗把金針繡出來

金芙蓉

百媚泠泠江水頭野人籬落占芳秋西風昨夜吹爐冶一段工夫藉蓐收

玉芙蓉

一色瓊瑤絕點瑕前身原是拒霜花漢宮曾立仙人掌雲際亭亭捧露華

紅鶴頂

白露瀼瀼曉正濃花如仙鶴頂珠同淵明醉後簪吟鬢雙臉于花一樣紅

白鶴頂

白似胎禽縞素裳西風吹動舞昂藏獨憐一點丹砂頂寒帶東籬昨夜霜

粉鶴頂

花如雛鶴頂初生別種無如此種清莫道夜深看不見鉛華微映月華明

黃鶴頂

西風籬落看黃花色比樓中鶴更佳想是榴皮隨手畫不曾留頂着丹砂

紫牡丹

栗里陶家勝魏家東籬花事自豪奢西風反得陽春

力不見黃花見紫花

黃牡丹

東風庭院悄無人移得姚家一種春若使遶籬栽芍藥秋花亦自有君臣

紅牡丹

秋深顏色染胭脂不數姚黃魏紫奇獨對南山成一醉看花渾是艷陽時

白牡丹

體態嬌妖白雪膚傾城顏色世應無也知元亮能珍重肯作長安小妓呼

松江黃

種出雲間氣屬坤鄧州名品不須論尚衣若見花顏色捧出深宮謁至尊

金絞絲

玉露瀼瀼作冶爐花神何事費工夫美人折取簪雲鬢掩映金釵色不殊

銀絞絲

蓐收一夜簇花叢巧製多歸綰結中任與賞花人折去風流何必更纏紅

紅剪絨

南國佳人擅女工偶來籬下傍秋風無端狀出花精巧剪碎香絨萬縷紅

紫剪絨

紫英如翦亦非真綽約臨風最可人秦女縱勞機杼織工夫終不到花神

金鎖口

陶潛老去自多情恐向東籬看落英却把黃金作關鍵不容秋色易凋零

銀鎖口

金針抽出象牙筒花口周遭繡白絨看到十分奇特處女工多不及天工

白荼蘼

自從香夢怯春寒妝點秋容殿晚看又恐一番花事了玉人和雨倚闌干

金鳳毛

武陵花發小春天一種秋香兩樣妍天上也知無分去西風吹落在籬邊

賓州紅

種出賓州別樣紅年年籬下占秋風如何香色俱全備愛殺休官靖節翁

梅花菊

雪未爲真露未消白于姑射更嬌妖暗香先占秋籬下不向西湖第六橋

薔薇菊

玉露叢中貯晚芳春風滿架舊時香于今籬下栽培久回首東山路渺茫

蘸金菊

花神標格淸無比滿面金星獨逞容莫謂來勻稀客處蘸時須得露華濃

金水晶

瑩若寒氷燦若金開時籬落正淸深繁華富貴尋常事怪得陶潛不動心

黃疊羅

內宮剪碎赭袍羅變作秋風藉素娥聞說上林誇富貴人間此種已無多

垂絲金紅

垂絲不是海棠枝杜甫如何吝此詩停酒看來無可似吳王宮裏醉西施

海石紅

海石非紅亦似紅阿誰磨弄染秋容西風幻作天然

色一任霜清與露濃

二喬嬌

蘸來花露未能描並倚香肩儼二喬莫謂兩家妝扮別鏡中評貌一般嬌

楊妃菊

薵收一夜鑄成金百煉功多火候深只恐西風易零下勸君休負賞花心

寒菊

夜雖飽露未塗黃格調年年殿後芳不是地寒開較晚爲留顏色耐風霜

野菊

陶令何曾着意栽斷隄荒隴自家開石湖老子癡相愛也忝花名入譜來

西番蓮

西竺何年覓種來託根清淨脫塵埃如今培植東籬下不與優曇一處開

回回菊

此花根本產西夷聞道當年漢使移千里風霜多歷過湘南寒色未能欺

滿天星　楊循吉

枝頭金彩爛煌煌燦若天星萬點光昨夜月明花上
露只疑經綿散精芒

滴露菊

花露秋香滿紫苔芳根重見一枝開何當移取金莖
去雲表和將玉屑來

錦雲紅

仙娥露錦織鴛機吹落花開祇欲飛留在山家無客
處待教玉女剪春衣

岳州紅

移來根本自炎方一種清奇特異常應是向陽花正
暖不愁秋晚有風霜

鄧州黄

花稟秋深氣更清中央正色舊馳名不知潭底清泠
水還復于今有落英

野菊

斷岸荒堤處處同黄花隨分自秋風殘烟冷雨無人
看甘老叢黄蔓草中

玉堂仙

凡花不比此花妍地位清高並列仙不入蕊珠宮裏
去也應曾到玉堂前

頭陀白

曼陀花朶白蒙茸渾似山家剪髮童應是陶潛歸淨
土此身立化在秋風

賽西施

越國佳人天下奇此花尤更美丰姿當時若使吳王
見肯醉芙蓉太液池

醉西施

西子當年醉館娃酒痕一點上秋花餘酣薰透嬌肌
骨猶有紅潮沁臉霞

太真紅

玉環妖血洒枝頭染得斑斑幾點秋昨夜東籬霜露
重紅冰猶自淚痕愁

太真黃

貴妃偏愛正坤裳却褪濃華着淺黃不比群芳易凋
謝祗應霜重減容光

醉楊妃

一枝無力倚娉婷曾記眞妃酒未醒不道沉香亭畔
寵秋風籬落易飄零

賽楊妃

恣態娉婷勝阿環睡酣無力倚雕闌三郎賜浴沉香

畔不向宫中賞牡丹

觀音菊

南海傳來水月容秋花想像宛然同化身千億真非妄色相原來總是空

善才菊

化現曾參五十三法身掌禮普陀巖只因幻化空花相墮落塵中隔世凡

八仙菊

瑶池宴罷飲中仙三五羣行樂洞天一片彩雲花底散八鸞環珮共蹁躚

孩兒菊

軟玉肌膚膩粉姿啼痕彷彿露香垂一枝低臥苫裀上似向花房壓被時

白牡丹

瑩玉肌膚雪一團嬌姿不耐曉霜寒清香誼結幽人契不獨紅粧妓女看

紫牡丹

一自移根離洛陽魏家池館久淒凉養高五柳先生宅獨占秋風晚節香

黄牡丹

京洛豪華迹已陳姚家春色對何人于今寂寞東籬畔又作黃花十度新

紅牡丹

姚黃魏紫各稱尊絳色秋深更絶倫不道金花揺落後花王能作艶陽春

太液蓮

不見眞人一葉蓮秋風吹瓣落樊川霜葩占斷雕闌景猶憶披香水殿邊

紫玉蓮

瀟水湘江白羽揺秋風染作紫瓊瑶寒英變態開來晩會與淵明伴寂寥

錦芙蓉

一片秋容五彩明東籬渾似錦官城石崇歩幛豪英後不若陶家晩節榮

金芙蓉

西風籬落曉霜晴小朶芙蓉照眼明最愛夕陽文彩爛九華秋色上簾旌

黃薔薇

春紅滿架映簾籠纔到秋深便不同非爲霜包顏色老自縁黃色却西風

白荔枝

聘得嬌如十八娘肌膚淸潤色生香阿環此日能相見憶却金盤玉露漿

紅荔枝

誰將冊荔出閩中變作秋花絳雪濃安得皇華乘馹馬金盤進入大明宮

玉盤橙

延賓節物喜秋清佳菊當軒製異名紫蟹正肥新釀熟花枝初進玉盤橙

金盤橙

嫩黃花朶簇團團粉蕋檀心露未乾何物尊前堪比似霜橙小果薦金盤

木香菊

檀心紫萼異尋常花吐秋香淺淺黃欲别園亭同一賞摘將小朶泛瓊觴

酴醾菊

雪香雲暖玉容柔光照東籬一片秋端伯當年稱韻友淵明應結舊朋儔

艾葉菊

北窻陶令傲羲皇夢裏曾傳益壽方蠲病不須陽燧

火已令二豎退膏肓

栗葉菊

栗種多根傍石闌霜花不許野猿攀晚來葉底西風戰疑是周人舊社壇

菡萏紅

花醉淸香絳色鮮芳姿不減舊嬋娟一枝倒影秋潭底猶是宫中水照妍

茉莉白

買得南洲擔上香種來籬下逞秋芳欲陪處士淸高節不逐佳人鬬曉妝

玉玫瑰

膩粉肌膚玉雪顏一枝和露倚雕闌秋花若把春花比未必甘心讓牡丹

茶菊

茶菊花開映夕陽野園荒圃自凄凉不爲陶令杯中物却作盧仝碗内香

勝瓊花

玉瓣瓊蕤照眼明光浮皝日露香凝當時若進隋宫去安得龍舟到廣陵

小金蓮

黃金小朶爛光輝曾近離闌照繡衣幾度醉看花上月絶勝宮燭夜深歸

試梅粧

花貌清嬌怯晚凉額間微點粉痕香陶籬不是含章閣猶試宮中學壽陽

鶯羽黃

流鶯春色落東籬金縷衣裳憶舊時五柳門前飛不去羽毛零落作花枝

金鳳仙

丹山鳴鳳入花陰色類扶桑九煉金零落羽毛收不去却成黃菊照秋深

鴛鴦菊

韓憑魂魄舊風流結就花枝也並頭千載未消連理恨尚留殘蝶戀深秋

銀杏菊

鴨脚秋深已半黃殘枝留得傲風霜祇應身遠栽桑後猶伴灰中芋栗香

常棣菊

常棣花開春晝遲怡怡同氣尚連枝祇令垂老秋風裡晚節相看色自宜

鶴翎白

何處仙胎脫縞衣傲霜枝上弄清輝可憐不得青田夢幾度臨風祗欲飛

蜂鈴菊

遊蜂春暖入花心蕋粉濃香染得眞一點中黃消未盡結成鈴顆小丸金

腦子菊

龍腦熏衣暖欲消濃香却在鬱金袍餘芬散入秋花去尚覺風前態度高

鵞兒黃

脫殼毛衣潤未乾嫩黃微染露華寒杜陵若到東籬下應把花容作酒看

猩猩紅

猩血何年濺綠叢枝頭滴滴露華穠花光粧點秋光美誰惜亾身遇獨紅

麝香黃

誰向西風别麝香餘芳濃染露華黃秋光老圃無人識石竹叢叢蔓草長

金蟬菊

宮官小隊入花間曳紫紆金繡珮環不是淵明挂冠

去金蟬應得預朝班

玉兎華

廣寒玉兎落陰精秀結秋風一種清却笑風霜憔悴死謾勞擣藥濟長生

剪鵞翎

鶂鶂霜毫蛻滿池天工剪碎上花枝折來斜插烏紗畔絶勝簪蛾點鬢絲

御袍黄

花朝旭日動清光疑是君王赭衮裳朝罷上林閒佇立噴人猶帶御爐香

相袍紅

相公袍袖拂雲烟清曉朝衮白帝前夢落鈞天千載後秋花猶似綺羅鮮

黄羅袍

采采秋英照眼明枝頭新剪御羅輕隋宮謾說千花錦不若陶潛境界清

紫羅袍

小隊宮官出禁闈紫羅袍袖照春暉祗應舊日淵明在羞見花前挂綠衣

金帶圍

花剪宮羅絳色深帶圍輕束荔支金青衫笑我功名
薄對此寧無感愧心

疊雪羅

宮衣朝暘雪生香團扇春風日正長此際看花還舊
色錯將重九認端陽

十樣錦

五色天機雲錦章剪來枝上作秋芳淵明素秉淸高
節肯有驕奢十樣粧

紫綬金章

紫綬羅紋金線幨應憐新試炫晴輝秋風此日看花

落羞殺江湖老布衣

銷金菊

誰抹泥金上絳綃要將花蕋鬭春嬌党家帳底淸歌
歇一點餘香尚未消

茜裙紅

浴罷華淸月滿池金蓮步小茜裙垂宮闈昨夜西風
急吹上秋香第一枝

金褥菊

金彩平鋪照地新不隨繡褥染香塵東籬日晚看吟
處何必淵明設坐裀

玉繡毬

瓊瑰宛轉繡香絨不與繁花滾滾同元是玉樓拋擲下至今猶自挂秋風

玉粉團

花容清曉試梅粧屑玉團金共粉香底是天姿能潔白當時不去嫁何郎

紫粉團

當年巧笑弄嬌姿佛面新番紫錦絲留得殘粧濃艷在秋花猶帶露華滋

玉鈴菊

羣仙環珮曉璫璫聲度雲間白鳳凰吹墮玉鈴秋葉底風來猶自露瀼瀼

金鈴菊

黃宮小朶綴金鈴風動花枝似有聲曾憶絳羅帷幄底偷香蜂蝶亦相驚

紫霞杯

臨風翠袖立徘徊似捧流霞灩灩杯却憶當年陶令宅花前幾度玉山頹

玉盤盂

煉得仙家九轉丹玉盤承捧出花間淵明昔日如相

遇服餌還應得駐顏

山谷箋

黃花光彩爛文章酒徧金箋翰墨香一片蠟痕消未盡秋風千載尚流芳

琥珀盃

春酒盃浮瀲灩光一痕香露瀉鵞黃相逢更合同傾倒捧向花前一醉狂

玉連環

雕瓊刻玉鬬玲瓏奇巧分明出化工都是連環鈎結相不教花片逐東風

金落索

寶索輕懸翡翠翹曉寒庭院怯晴嬌一枝斜裊秋風裏彷佛金蓮動步搖

銀盤菊

爤爛銀光溢露濃夜深月照水溶溶枝頭一朶佳人摘疑是圓盤入掌中

蘸金香

花女秋來效佛粧畫將鉛粉洗容光濃香蘸得銅盤露淺淺泥金點點黃

車輪白

曾駕飈輪謁帝居夜寒清影落庭除至今一片銀光
自猶似團團輾碧虛

金彈子

王孫金彈落花前墜向枝頭個個圓莫遣兒童收拾
去留驚山鳥石闌邊

五月菊

不與重陽敘舊盟却尋端午趁恩榮只因一餉趨炎
熱奪盡秋香晚節名

五九菊

端午重陽兩度開秋香原不解炎埃莫輕一種清高
節烈日嚴霜歷過來

十日菊

九日花枝十日看餘香猶怯曉霜寒秋來未必隨消
滅自是人情有兩般

寒菊

金蕋熒煌翠葉團移栽花屋最宜看一冬齋閣深深
閉留得秋香到歲寒

海棠春

花仙換却舊精神倒把秋香變作春昨夜睡酣清露
裏高燒銀燭有何人

玉樓春

曾向鈞天夢裏嬉十分春色上花枝玉樓别後無消息采得秋香有所思

金寶相

具足黄金埶相尊化身淨土結靈根秋風吹散西來影留得餘香一點存

玉寶相

丈六天王寶月容花枝玉潔儼然同露香清泛晨光薄似隔祥雲瑞彩中

簇香瓊

秋花光彩照人明片片瓊鈎巧簇成一朶忽隨金剪落美人頭上鬬輕盈

火煉丹

誰將烈火爍精金光焰煌煌色更深不是秋來經煆煉風霜安得見真心

八寶菊

花神富貴點秋光新出腰間八寶粧莫遣風霜零落盡好教重襲為珍藏

金樓子

碎剪金花萬葉新重重開叠間奇珍前身應想非凡

骨恐是藏書萬卷人

一捻紅

一捻嬌紅膩粉痕玉纖芳潤尚清溫弄花人去閒庭院留得餘香點點存

不老紅

仙家曾與九還丹駐得長春不老顏誇我衰年猶茜色黃花應怯鬢毛斑

洒金紅

金彩星星耀日光花神茜色效濃粧露華昨夜東籬重滴得斑闌蘂上黃

蠟瓣紅

熠熠丹葩滴露濃蜜脾光暖惹遊蜂花神恐怕偷香去故把芳心絳蠟封

勝黃金

中黃一氣稟坤宮苑北園南色更濃總使秋陽如烈火肯隨朝露便清融

墨菊

仙家一夜擣元霜却把秋容點淡粧陶令題詩眠醉石漫疑枝上墨花香

金絞絲

金絲絞結費工夫另出陰陽造化爐刻玉鏤瓊無限巧未知比得此花無

回回菊

碧眼胡兒手自栽花穠長照四時開只因誤染腥膻氣從此淵明棄草萊

波斯菊

秋露凝香小瓣開連鬢黃髮短身材金肢翠袖交輝處疑是番邦獻寶來

僧鞋菊

鳧舄當年巧製裁曾隨老衲步雲臺逃禪莫誤東籬下化作霜花九月開

集古

五言律

黃菊集句（既無集者之名又無詩人之姓稱曰集句何忍棄之）

九月欲將盡　鮮鮮金作堆
五色中偏貴　搴花落始開
遶籬殘艷密　擁鼻細香來
可憐陶靖節　共此一傾盃

黃菊　史鑄

不與群芳競　魏野
宜乎殿顥商　邵堯夫

露從今夜白 杜甫 菊是去年黃 李後主
九日陶公酒 陳襄 一生青女霜 羅隱
有同高士操 王之道 得爾慰淒涼 翁龜翁

七言絶

種菊 史鑄

幽懷遠慕陶彭澤 王禹偁 一畝荒園試為鉏 蘇子由
自種黃花添野景 謝景山 幾多光彩照庭除 魏野
春初種菊助盤蔬 蘇子由 益氣輕身載舊圖 劉摯

其二

終藉九秋扶正色 鄭剛中 芳時偷得醉工夫 白居易

菊花

無艷無妖別有香 僧齊己 知心誰解賞孤芳 陸放翁
淵明酩酊知何處 王荆公 安得斯人共一觴 謝無逸

二

霜裏鮮鮮照眼明 王十朋 人言此觧制頹齡 梅聖俞
憐香擘破花心嗅 姚揆 酌盡齋中竹葉鉼 黃山谷

三

一夜清霜隕物華 蔡柟 寒芳開晚獨堪嘉 丁寶臣

四

折來嗅了依前嗅 邵堯夫 不是尋常兒女花 王十朋

籬菊含風暗度香 余安行 栽多不爲待重陽 僧齊己

愈風明目須眞物 蘇子由 萸菉宜人入枕囊 黄山谷

五

露叢芬馥敵蘭芽 韓忠獻 淸賞終存好事家 丁寶臣

六

莫遣兒童容易折 洪景盧 此花開盡更無花 元微之

露裛幽花冷自香 僧皎然 藥中功效不尋常 王十朋

袪風偏重山泉漬 文保雍 胡廣隨緣却壽長 鄭剛中

七

淸香裛露對高齋 司空圖 端仗玆花慰老懷 王十朋

欲折一枝來侑酒 蔡柟 登高能賦屬吾儕 陳後山

八

八月九月天氣凉 李白 遶闌種菊一齊芳 邵堯夫

好風應會幽人意 江奎 時去時來管送香 張芸叟

九

不趁盛時隨衆卉 文與可 幽姿高韻獨蕭然 田元邈

別開小徑連松路 王介甫 常愛陶潛遠世緣 梅聖俞

十

菊花有意浮杯酒 汪彦章 秋老霜濃滿檻開 江袤

多謝主人相管領 沈瀛 盡收淸致助吟才 張子野

十一

籬菊開時寒有信 王彥霖 幽香還釀客懷清 周麟之

折歸莫負金蕉葉 張彥實 欲伴騷人賦落英 蘇東坡

十二

一夜新霜着瓦輕 歐陽修 照窗寒菊近人清 聞人善言

賸收芳蘂浮卮酒 曾端伯 白髮年年不負盟 聞人善言

十三

不受陽和一點恩 李山甫 不嫌青女到孤根 盧彥德

年年歲歲花相似 劉庭芝 誰爲陶潛買酒樽 陳元老

十四

粲粲秋香雨露葩 趙宋英 天教晚發賽諸花 劉禹錫

輕烟細雨重陽節 劉子翬 且盡芳樽戀物華 杜子美

十五

漸覺西風換物華 朱弁 秋叢遶舍似陶家 元微之

世人若覓長生藥 古道情 百草枯時始見花 歐陽修

十六

代謝相因寒事催 趙宋英 穠籬疎菊又花開 許渾

霜晴日淡虛庭裏 葛吏部 多少清香透入來 陸魯望

十七

不是餐英泥楚騷 吳莘 重陽菊蘂泛香醪 宋白

尋常不醉此時醉 邵堯夫 陶令抛官意獨高 葉夢得

黃菊

黃花漠漠弄秋暉 王荊公 竚立階前香在衣 王性之
正色逢人何太晚 強幾聖 衰翁相對惜芳菲 白樂天

二

白露黃花自繞籬 羊士諤 幽香深謝好風吹 寇萊公
陶公沒後無知己 李山甫 歲歲花開知爲誰 李頎

三

遶籬黃菊自開花 僧覺範 開日仍逢小雨斜 丁寶臣
自得金行眞正色 丁寶臣 肯叅紅紫鬬紛華 朱希眞

四

金英寂寞爲誰開 王元之 底許淸香鼻觀來 張孝祥
籬下先生時得醉 白香山 餘風千載出塵埃 王介甫

五

滿園佳菊鬱金黃 白樂天 壽質淸癯獨傲霜 楊巽齋
且喜年年作花主 白樂天 依然相伴向秋光 羅隱

六

五行正氣産黃花 杜光庭 不在詩家即酒家 錢易
詩筆酒杯俱有味 元鋒 亦同元亮舊生涯 江爲

七

滿地黃花得意秋 陽姓良祐 移來庭檻助淸幽 齊唐
自緣稟性天生異 張齊賢 不與繁華混一流 楊時可

八

籬邊黃菊爲誰開 李嘉祐 轉憶陶潛歸去來 高適
插了滿頭仍漬酒 邵堯夫 且謀歡洽玉山頹 元澶

九

倚風黃菊遶疎籬 彭應求 自有淸香處處知 毛友
今日王孫好收采 鮑溶 濁醪霜蟹正堪持 蘇子由

十

金蕊繁開曉更淸 歐陽修 薄霜濃露倍多情 劉原父

歸田誰是淵明輿 趙嘏 獨遶東籬萬事輕 周紫芝

十一

叢菊疎疎着短籬 僧不器 重陽前後始盈枝 文與可
託根占得中央色 趙宋英 不比凡花兒女姿 姜特立

十二

自有淵明方有菊 辛幼安 因人千古得佳名 韓忠獻
一年好景君須記 蘇東坡 翠葉金花刮眼明 劉原父

十三

東籬黃菊爲誰香 王十朋 不學羣葩附艷陽 蘇潛菴
直待素秋霜色裏 廖匡凝 自甘深處作孤芳 文與可

十四

香霧霏霏欲噀人 蘇東坡 黃花又是一番新 宋邦承

陶家舊已開三徑 韓淲 直到如今迹未陳 楊巽齋

十五

滿眼黃花慰素貧 黃山谷 年年結侶采花頻 劉禹錫

要收節物歸觴咏 張灝 只許閒人作主人 姜特立

十六

菊花天氣近新霜 陸放翁 節近花須滿意黃 陳後山

陶令籬邊常獨酌 曾端伯 朝來滿把得幽香 蘇子由

十七

東籬九日富黃花 曾端伯 節物驚心祇自嗟 許景衡

盡日馨香留我醉 王元之 銀瓶索酒不須賒 王十朋

十八

斜照明明射竹籬 僧道潛 黃華能與歲寒期 范文正

人疑五柳先生宅 周紫芝 消得携觴與賦詩 鄭谷

十九

黃花弄色近重陽 僧道潛 風拆霜苞細細香 江袁

似與幽人爲醉地 陸放翁 隨晴隨雨一傳觴 陳與義

二十

可意黃花是處開 蘇東坡 芝蘭風味合相陪 綦崇禮

應須學取陶彭澤 白樂天　左把花枝右把杯 司空圖

二十一

百卉千花了不存 陸放翁　獨開黃菊伴金尊 陶弼

欲知却老延齡藥 歐陽修　誰信幽香是返魂 蘇東坡

二十二

菊是去年依舊黃 李後主　風從花裏過來香 失名氏

杯中要作茱萸伴 葛吏部　更領詩人入醉鄉 胡曾

二十三

白酒新熟山中歸 李白　黃花漠漠弄秋暉 王荊公

東籬采菊隱君子 王十朋　醉覺人間萬事非 失名氏

二十四

羽葆層層間彩金 姜特立　醉來不厭遶叢吟 賈島

滿頭且應良辰插 韓忠獻　不插滿頭辜此心 王荊公

二十五

籬外黃花菊對誰 嚴武　應知彭澤久思歸 王元之

有花堪折直須折 李錡　新酒初篘蟹正肥 趙端行

二十六

無限黃花簇短籬 蘇子由　幽香深謝好風吹 寇平仲

勸君終日酩酊醉 李賀　莫待無花空折枝 李錡

二十七

花裏風神菊擅名 陸放翁 緣枝黃蘂有高情 張嵲
詩人不悔衣霑露 范文正 步入芳叢脚自輕 王之道

二十八

幸無風雨近重陽 僧法顯 折取蕭蕭滿把黃 崔德符
酒面浮英愛芬馥 梅聖俞 銀瓶須引十分強 李清臣

白菊

我憐貞白重寒芳 陸會望 小徑低叢淡薄粧 蔡柟
謝女黃昏吟作雪 徐仲車 天然別是一般香 李端叔

二

幽芳天與不尋常 江袤 逆鼻渾疑雪亦香 陳後山

把酒可能追靖節 江彥章 素英一色混瑤觴 邵堯夫

三

瓊葩燦彩遶籬東 楊巽齋 不怯清霜更耐風 趙令衿
淡佇精神無俗艷 江袤 獨高流品蕙蘭中 李龏

四

玉攢碎蘂塵難染 江袤 露濕香心粉自勻 朱喬年
一夜小園開似雪 朱貞白 清香自是藥中珍 許景衡

黃白菊

金英爍爍擅秋芳 楊巽齋 中有孤叢色奪霜 白樂天
手把數枝重疊嗅 邵堯夫 兩般顏色一般香 胡侍郎

晚菊

青蕋重陽不堪摘　杜子美　重陽已過菊方開　邵堯夫
不將時節較早晚　王十朋　且把霜蕤浸玉醅　蘇東坡

二

節過風霜滾滾來　許景衡　菊花寂寞晚仍開　劉滄
誰云既晚何須好　王十朋　爲我殷勤送一杯　白樂天

殘菊

節去蜂愁蝶不知　鄭谷　冷香消盡晚風吹　謝無逸
碎金狼藉不堪摘　陸放翁　空作主人惆悵詩　于武陵

野菊

一簇疎籬有野花　邵堯夫　不應青女妒容華　洪龜父
繁英自剪無人插　李龏　只有黃蜂趂兩衙　孫仲益

二

熠熠溪邊野菊黃　蘇東坡　風前花氣觸人香　邵堯夫
可憐此地無車馬　韓文公　掃地爲渠持一觴　陸放翁

三

野花無主爲誰芳　陸放翁　酒熟漁家擘蟹黃　黃山谷
遇酒逢花須一笑　黃山谷　故留秋意作重陽　陳後山

詞

小令

調笑令　張孝祥

佳友金英輳陶令籬邊常宿留秋風一槩摧枯朽獨豔重陽時候賸收芳蘂浮巵酒薦得先生眉壽

如夢令　張鎡

野菊亭亭爭秀閒伴露荷風柳淺碧小開花誰摘誰看誰嗅知否知否不入東籬杯酒

中調

少年遊　歐陽修

去年秋晚此園中携手玩芳叢拈花嗅蘂惱烟撩霧沉醉倚西風　今年重對芳叢處追往事又成空敧

徧闌干向人無語惆悵滿枝紅

漁家傲　歐陽修

九日歡遊何處好黃花萬蘂雕闌繞通體淸香無俗調天氣好烟滋露結功多少　日腳淸寒高下照寶釘密綴圓斜小落落西園風嫋嫋催秋老叢邊莫厭金尊倒

定風波　蘇軾

與客携壺上翠微江涵秋影雁初飛塵世難逢開口笑菊花須插滿頭歸　酩酊但酬佳節了雲嶠登臨不用怨斜暉古往今來誰不老多少牛山何必更沾

衣

南鄉子　黃庭堅

黃菊滿東籬與客携壺上翠微已有是花兼有酒良期不用登臨怨落暉　滿酌不須辭莫待無花空折枝寂寞酒醒人散後堪悲節去蜂愁蝶不知

鷓鴣天　黃庭堅

黃菊枝頭生曉寒人生莫把酒杯乾風前橫笛斜吹雨醉裏簪花倒著冠　身健在且加餐舞裙歌板盡清歡黃花白髮相牽挽付與時人冷眼看

鷓鴣天　張孝祥

一種濃華別樣粧留連春色到秋光解將天上千年艷翻作人間九日黃　凝薄霧傲繁霜東籬恰似武陵鄉有時醉眼偷相顧錯認陶潜作阮郎

點絳唇　王十朋

霜蕋鮮鮮野人開徑親栽植冷香佳色趂得重陽摘　預約比鄰有酒須相覓東籬側爲花辭職只有陶彭澤

瑞鷓鴣　史鑄

底事秋英色厭黃喜行春令借紅粧謝天分付千年品特地先攙九日香　陶令駭觀須把酒崔生瞥見

誤成章蜂情蝶思兼逃了採蕋還如媚景忙

鵲橋仙　盧祖皐

寒叢弄日寶鈿承露籬落亭亭相倚當年彭澤未歸來料獨抱幽香一世　疎風冷雨淡烟殘照日日重陽天氣帽簷已是半欹斜問甕裡新篘熟未

好事近　劉子圻

秋色到東籬一種露紅先占應念金英冷淡摘胭脂濃染　依稀十月小桃花霜蕋破霞歛何事淵明風致却十分妖艷

一落索　方岳

瘦得黃花能小一簾香杳東籬雲冷正愁予猶幸是西風少　葉下亭皐渺渺秋何為者無錢持蟹對黃花又辜負重陽也

朝中措　朱翌

玉盞金臺對炎光全似去年香有意莊嚴端午不應忘却重陽　菖蒲九葉金英滿把同泛瑶觴舊日東籬陶令北窻正卧羲皇

醉花陰　李清照

薄霧濃雲愁永晝瑞腦噴香獸時節又重陽玉枕紗廚半夜秋初透　東籬把酒黃昏後有暗香盈袖莫

道不消魂簾捲西風人似黃花瘦

破陣子　晏幾道

憶得去年今日黃花正滿東籬曾與主人臨小檻共折香英泛酒巵長條插鬢垂　人貌不應遷換珍叢又覩芳菲重把一尊尋舊徑可惜光陰去似飛風高露冷時

長調

水調歌頭　朱熹

江水浸雲影鴻雁欲南飛携壺結客何處空翠渺烟霏塵世難逢一笑況有紫萸黃菊須插滿頭歸風景今朝是身世昔人非　酬佳節須酩酊莫相違人生如寄何事辛苦怨斜暉無盡今來古往何限春花秋月變化倏無依問取牛山客何必獨沾衣

受恩深　柳永

雅致裝庭宇黃花開淡佇細香明艷盡天與助秀色堪餐向曉自有真珠露剛被金錢妬擬買秋天容易獨步　粉蝶無情蜂已去要上金尊惟有詩人曾許待宴賞重陽恁時盡把芳心吐陶令經回顧憔悴東籬冷烟疏雨

念奴嬌　劉克莊

老夫白髮尚兒戲廢圃一畬料理餐飲落英并墜露
重把離騷拈起冷艷幽香深黃淺白占斷西風裡飛
來雙蝶繞叢欲去還止　嘗試銓次群芳梅花差可
伯仲之間耳佛說諸天金世界未必莊嚴如此尚友
靈均定交元亮結好天隨子籬邊坡下一杯聊泛霜
蕋

摸魚兒　郭鈺

壓秋香並肩如舞情緣天似相許結根自是孤高者
何乃含嬌凝竚似秦女乘鸞仙袂凌風舉精神清楚
便帶縮重金環重疊勝心事自相語　情深處此事

人間最苦多少蝶來蜂去蘋婆莖命同生死尚恐翻
雲覆雨休折與算太液芙蓉不到人間靚傷今懷古
想墻裏笑聲西流水紅葉漫題句

秋蘭香　陳亮

未老金莖些子正氣東籬淡薄齊芳分頭添樣白同
局幾般黃向閒處須一一排行淺深饒間新粧那陶
令漉他誰酒趂醒消詳　況是此花開後便蝶戀無
花管甚蜂忺你從今兼却蜜成房秋英試商量多少
為誰甜得清涼待說破長生真訣要飽風霜

驀山溪　釋仲殊

年芳已遠涼裛疎疎雨菊占此時開背佳期清秋何處滴成金豆彈破栗文圓臨水檻倚風亭全勝東籬暮　茱萸未結誰是多情侶萬葉與葵花也相饒也羞妒主人着意何必念登高浮酒而解煩襟消盡當筵暑

嘉定陸廷燦扶照氏輯

題槎溪藝菊圖

記

張雲章

植物之有菊其百卉之可貴而尤異者乎凡物之芳菲其發也速則其隕落亦易桃之始華於仲春桐則春之季其他爭姸鬬麗於艷陽之日者不可勝舉而蘭蕙之族則滋于春夏之交人以其國香貴之要皆不待寒氣之凛慄繁霜之肅殺而已灰飛烟滅矣獨

菊之爲物當草木變衰之候而敷榮發秀歷久而不萎靡如端人正士挺後凋之節是故屈子爲之餐英陶公愛其佳色自來詞人墨客未有敢狎昵之者豈非別異于羣卉而爲可貴之尤者乎顧其種類嘗獨盛于東南而吾邑之藝植者尤多二三十年之間變態百出種愈奇者開彌晚自重九以迄于長至其炳耀常不絕以此疁城之菊于東南尤爲冠絕矣陸子扶照讀書嗜古奉其尊人陶圃先生爲園槎水之上名葩異卉列植交蔭與臺榭巖石相上下而扶照尤喜藝菊治地其中命園丁相其氣候物性之宜而日

加工焉由根荄之萌而護茅分種培壅灌溉插竹以扶之編蘆以蓋之風日之酷烈不得而侵剪剔其蠹敗以漸觀其枝葉之扶疎于是裛露而含英經霜而散彩至點以微霰而猶有傲然之色噫此雖花之出類拔萃非由人力之勤曷致是歟世之求近功速效者其相賞止頃刻之間推之物理亦何莫不然歟乃陸子之藝之也其意尤有異曰吾將以奉吾親也本草言菊能輕身延年淵明詩言菊可制頹齡郭景純曰仙客薄采何憂華髮扶照之爲此非徒欲其親娛心志悅耳目將益以增親之壽于無極也因乞虞山

石谷子爲繪圖而以記屬余余以百卉中既莫有如菊者菊之盛推東南而莫如吾嘐今陸子圃中之菊又冠于嘐陸子之所好莫與尚矣古之愛菊推淵明而陸子與之等顧淵明之愛之也以自奉而陸子以奉其親淵明以高而陸子以孝不尤有異乎石谷工繪事于今爲天下第一又爲之圖以張其事而工乎詩者將系以歌咏其傳于以遠也必矣

詩

宋犖

竹栢周遭映四鄰茅堂瀟灑葛天民桃源只在柴桑

里都笑時人浪問津

其二

堦下牽衣通子戲門前撫杖老麗來孺人好爲開新
醞莫負秋香一院開

朱彝尊

南陽菊水最延齡徧種陶公柳下庭日永山齋無俗
事更牋墨史譜茶經

其二

瞜城花石愛堆槃定武紅甆尺半寬爭似王郎寫橫
幅滿籬秋色恣君看

李振裕

但是高人能餌朮從來佳士愛餐英東籬幽處無人
到只有柴桑識此情

其二

落葉填門靜不喧著香酒冽淡忘言須知佚老堂中
景樹菊原來勝樹萱

張雲翼

酈縣從誇有菊泉槎溪秋色倍嫣然一尊攜向花叢
醉無數斑衣遶膝前

其二

滿園異種放花遲画裏傳來訝不知廿日重陽無限好為娛衰白坐題詩

王掞

愛共柴桑結比鄰聊從老圃作羲民菊潭此去無多路試向槎溪一問津

其二

野禽啄蔬雙雙下寒蝶尋香故故來儘有南山供望眼柴門雖設不須開

唐孫華

芳菊開秋序花從少後珍幽姿憐靜女傲節稱高人種費三時力香留一月新南陽泉味好持奉板輿親

其二

瑰異矜千品嘉名本治薌影宜臨素壁賞合置華堂漉酒逢秋令看花愛晚香紛披圖画裏風景似重陽

王撰

名園栽菊為娛親甘谷延年足養真較勝東籬陶處士看花對酒獨怡神

其二

五色紛披百種妍幽姿偏自傲霜天誰如烏目山人筆染盡秋容滿蜀箋

王原祁

通隱風流鬢尚青繞籬花發酒初醒餐英自得長生訣不讀離騷一卷經

其二

閒向南山倚翠嵐況當秋滿徑三三兒郎頻進胡公水饑殺淵明有五男

毛師柱

披圖想高風彷彿陶家宅東籬繞黃花遙映山光碧秋間了無事祇喜親心適眞樂本天倫看花乃其跡丹青寫幽曠曾及南村客安得花間遊[illegible]晨更斯夕

王蓍生

卓爾陶公百世師東籬采菊見山時披圖會得柴桑意絕勝長吟飲酒詩

其二

聞說香山廿大年羨他娛老得神仙鮮民裛露今無分題靖節一泫然

王原

柴桑舊里是耶非種菊娛親雅事稀花到秋深能五色不須身着老萊衣

其二

蓮因茂叔名增重梅爲孤山品愈尊若判東籬霜下傑槎溪應不讓南村

陳宗石

積石栽花着綠蓑鷄豚社賽喜相過泉餐沆瀣南陽叟酷愛番禺崔菊坡

其二

林園聞道比檀園獨對秋容把一尊添得輞川蒼翠色晚香籬落欲銷魂

周儀

檀園主人槎上居我昔夢見寧非虛今來把卷一見之况有采采之東籬松風謖謖泉鄰鄰是中巖石堪着身長餐落英不知老譜就南陔詩更好豈惟勝地續前賢陸郎養親名與懷橘傳

鳴珂

蕭疎三徑石鄰鄰化日光中作逸民賓從如雲滿溪閣仙源何必問迷津

其二

能文有子兼結客曾向中丞問字來一卷晚香自怡悅綿津寶硯爲君開

其三

餐英聞道好延齡况復琳瑯滿謝庭家慶優游已足
羨不須導引學熊經

其四

槎溪自昔集敦槃仰止高風在澗寬擬向秋風乘一
葉平原十日共君看

張雲章

最是東籬引興長百般佳色上君堂世間繁豔知多
少誰似黃花晚節香

其二

中園聞有夸魚泉移得南山在眼前更取金英照杯

酒陶翁爭得不陶然

楊中訥

山色秋更潔晚英寒正開命童掃落葉延客踏霜苔
相賞新花蕋誰識舊根荄三時資料理一日暫徘徊
人生欣所託物類必有諧雖然勞灌溉止畏無安排
地饒松與竹胸謝棘與柴俯仰天地外羲皇安在哉
桃源亦何有五柳寄俳詠豈如此圖真人間絕氛埃
遺世與入世一笑付深杯

孫致彌

恰傍檀園舊址鄰疏泉疊石訪先民閒身正好營三

徑不擬塵中競要津

其二

傅延年可制頹齡養志深心見過庭歲種寒香三十畯劉蒙譜當竟陵經

其三

辛勤穀雨分秧遠繹絡重陽載酒來在莒願君心莫忘山塘五月見花開

其四

何日歸與共考槃栽花地少半弓寬與君歲月皆天賜三百年須盡醉看

錢顧琛

我是淵明一後身籬邊喜見菊花新如何壯志稱英銳也學蕭閒無事人

其二

夭桃穠李鬬春光應讓黃花晚節香更爲延年宜采菊故栽百本奉高堂

周龍藻

膠城菊蘂冠吳中種入槎溪覺更工洗盡世間兒女態獨將正色壓青紅

其二

天然標格出風塵下筆蕭疎妙寫真欲向南村共晨
夕此圖便當素心人

趙昶

積玉曾將元圃誇於今籬畔有黃花分明五柳先生
宅未許投閒度歲華

其二

椿茂萱明儼鹿門更餘黃菊滿東軒摘來釀就延齡
酒好奉堂前醉弄孫

王奕清

仙方曾許制頹齡況有幽葩爛滿庭嗅蕋餐英無限

好細疏名品註騷經

其二

界町分畦路屈盤版輿瀟洒北堂寬画中此景依稀
記曾向閒居賦裏看

王時鴻

山齋秋賞最宜人花發東籬位置新風緊霜凄存傲
氣笑他紅紫只爭春

其二

花時可許放扁舟把酒持螯話舊遊怕爾身償書債
去柴桑未必久淹留

輅

白鶴江濱好卜鄰平泉花木卧堯民晚香亭畔天倫
樂坐看雲龍起漢津

其二

眕城花卉虞山画二妙驚從一處來更讀廣平題咏
句陸家秋色錦箋開

朱端

名園松竹鬱成林最愛芳叢色似金不是丹青知此
意依依誰見種花心

其二

晚節清香屬此花託身合在地仙家遥知白髮扶筇
日渾似斑衣進紫霞

趙俞

素領飄鬚老逸民滿園秋色鎖松筠籬邊自有悠然
意不盼江州送酒人

其二

歎息斯花愛者稀尋常剝啄不開扉爲花特地求知
已卻待陶潛薄宦歸

徐秉義

名園紅紫妍春光繪得秋花足傲霜知爾承歡多樂

事好將菊水佐霞觴

其二

遺世忘憂靖節詩華川冒雨亦尋之何當放艇槎溪畔步屧東籬酒一巵

汪士鋐

鹿車推結梁鴻婦歷齒蓬頭黃覇兒時舁籃輿扶竹杖先生側帽過東籬

王謩

不種東門子母瓜霜風晚節有黃花江鄉今日槎溪路共指柴桑處士家

其二

漫道仙儒貌不肥制齡眞菊正芳菲豈須更望王弘使酒畔幽香滿綵衣

潘肇振

愛蓮曾有說藝菊罕聞圖獨羨槎溪陸高于處士逋醉歌兼夙好梳剔奉親娛千載陶彭澤逢君興不孤

侯開國

浦北岡南好結鄰檀圍相望憶先民槎邊鶴上緣何事只引漁郎一問津

其二

風莖月朶天隨句載酒看花得得來更喜画師添數筆不分寒燠滿籬開

其三

飲水餐英合百齡循陔采擷樂趨庭分秧護葉勤僮約獨自揮鋤帶一經

其四

池上新篇繼考槃寤歌閒咏碩人寬吃毫莫漫輕相擬且向耕烟卷上看

章性良

一勺酈泉飲得無林園點染足清娛披圖我亦懷彭澤賸欲携筐採菊珠

吳廷楨

抱甕分泉灌藥闌花開常足奉清歡餐英善會騷人句只當循陔咏采蘭

錢大鏞

汲得清泉好制齡柳當門徑竹窺庭東籬滿院黃花發抱甕閒編耒耜經

其二

墻頭月上玉爲盤參佐三間老屋寬爲愛叢生開萬朶遶畦長鑱自巡看

張棠

草閣疏籬晝不扃繞畦霜朶日晶熒擷來松十成新
釀不羨仙山鶴有翎

宸鎔

遥與淵明共結鄰東籬雅趣步先民琴書客至如相
問幽似潯陽不隔津

其二

十畝亭園在塵境每逢高士踏歌來廚中每得霜螯
巨箬藥封瓶特地開

金光被

彭澤高風不易攀平原借此駐親顏東籬日進霜花
酒那羨萊衣五色斑

其二

一幅花圖彩筆描九秋三徑樂陶陶託根直比靈椿
樹共識桑榆晚節高

瀛萼

遥知小阮舞衣斑除却娛親百不關籬落黃花矜晚
節尊開緑酒駐童顏爭傳摩詰層巒好絕肖淵明十
畝閒便擬泛槎槎水上一枝插鬢醉中還

汪際遇

名園百卉競芬芳晚節東籬菊更香采進高堂能盆
筭非關肥遁學柴桑

其二

異種秋葩晚最宜童顏鶴髮對霜枝當年太守一尊
酒爭比中丞兩首詩

吳旦震

百花開盡始芬芳今古人皆重晚香領畧悠然見山
意結廬何地不柴桑

其二

人淡如花與淡宜傲霜浥露一枝枝莫嫌吟咏殊多
事圖畫天然內有詩

允斌

繁華數種傍亭臺多植延年一種材不獨愛他名隱
逸只緣堪佐紫霞杯

其二

孝行如兒世所稀承歡膝下永無違幾回欲譜南陔
什筆力深慚東廣微

徐樹本

移將陶令柴桑景寫入斑衣萊子圖想得龐眉扶杖
至灌花才了便提壺

腰間猶未試銀黃籬下偏教植晚香好奉版輿三徑裏龐眉人物似柴桑

其二

愛日堂前百卉肥春暉能永接秋暉機雲寄記延齡句遲把朝衫換彩衣

方世舉

一泓寒碧一籬香自荷長鑱自著行堂上白頭花映肉分明菊水是南陽

其二

小園杞菊有家風紅乳還須種一叢好待夜深閒聽取隔溪犬吠水聲中

葉後知

娛親豈籍一官榮榿水園林見至情聞道蓼人爭種菊不知誰復似先生

張有猷

異種禽花仙子栽堪供鶴髮笑顏開魏公佳句當移贈爲有香從晚節來

其二

熒明禱粲似君才並蒂偏生錦繡堆杞菊芳時重作賦憑高逸興自層臺

李愚

幽姿雅淡傲秋霜不逐春葩鬬冶粧千載却傳彭澤愛只緣品格本相當

其二

先生逸興繼前賢徧植黃花譜自編頤養獨高香節晚秋光不老共年年

其三

階前蘭桂已森然娛老偏將菊引年扶杖嘯歌花似我不因簪笏改林泉

其四

高風勁節樂天眞滿幅清香寫入神何必重陽始放蕚披圖一覽一掀巾

金湖

家近槎溪一徑通高風原不在籬東千葩萬卉尋常樣只許秋容伴老翁

周燾

種菊槎溪上依然懷橘風高堂垂髮白小圃夕陽紅時進延齡水還扶靈壽筇陶家有通子曾否灌籬東

何圖

圖書滿架酒盈樽鷄犬桑麻別有村莫道武陵前路

杳分明此地是桃源

潘鍾嵣

應知延筭鶴同齡繞牕芝蘭香滿庭窈窕軒窻清似水湘簾棐几讀仙經

其二

共羨先生賦考槃襟懷淡遠境逾寬淵明風致還堪擬栽徧黃花秋耐看

陳至言

爭傳懷橘有家風更羨黃花三徑中好共斑衣娛歲月年年鶴髮笑顏紅

胡世璽

春花上苑尚遲遲喜傲秋光入譜奇昔日東籬逢靖節令朝甘谷見希夷制齡不羨長生術得釀誰知甲子期五美高懸留晚節槎溪風景好題詩

高其阜

骨堅獨傲九秋霜種入槎溪倍有香餐盡落英人不老斑衣戲舞日初長

其二

雅愛東籬一色秋銜烟手種意何稠莫言槎水非甘谷會看頻添海屋籌

曹錫光

陶公遺愛已難儔況復鍾情思更幽酒獻浮屠成往蹟秀餐甘谷彷餘休園林久識秋香滿繪畫猶傳晚翠優展玩留連忘日永他年可許恣遨遊

其二

秋花林立水還重勝擬南陽卷軸逢携友不誇遊興遠娛親惟覺寄情濃泠泠譜出皆真液色色傳來帶婉容祗賸季思難着墨細參圖記想芳蹤

柴畊方

名園處處有奇芳獨愛槎溪植晚香甘谷餐英人不

老故將疏溉爲親觴

其二

愛菊非因爲學陶延年可使鶴齡高杯中迎露分千朶不比仙家餌朮勞

其三

柴桑籬下徒供酒南海廚中僅作蔬籬裏采苗家有賦令來鑴作養親書

其四

莫嫌遊宦隔趨庭堂上承歡有寧馨千里秋風思漫起賴多逸友制頹齡

王式昭

槎溪菊圃圃中傳絕勝柴桑舊宅邊奇種偏開淸夜露名花直接一陽天餐英氣溢著顏外把酒香生綵服前遥憶宦情重出里南窗朶朶意中懸

胡世基

名園不道即柴桑尺幅傳來翰墨香五美異花同絳雪九華甘水比元霜還將薄采供親健信是餐英載酒忙遊宦應知秋思遠東籬遥憶徑添黃

吳喆

溪上秋光接水光秋方爛漫水方長移來甘谷千年種散作斑衣兩袖香對酒有人眞栗里餐英無日不瀟湘誰將彩筆全摹出霜影煙姿襲錦囊

其二

采采東籬成習語高懷偏喜植寒葩豈緣冒雨尋秋便總爲承歡伴綵斜但使香飄人不老何煩术餌壽方奢寄言養志躭幽者有圃皆宜種此花

吳舟

覓得黃花種最珍東籬灌溉費艱辛養從秋綻根方固護以霜華色更新甘液茹來延上壽落英餐後益精神朱顏鶴髮眞堪羨懷橘家添種菊人

吳賀品

遥羡澄江如練光淵明風味意何長霜開白玉迎秋
爽籬綻黄金帶月香圖画蕭疎餘季思莖荄貞勁吐
奇芳爭傳懷橘今添侶愧把巴吟入錦囊

朱曙

名園百花茂偏愛菊花清華髮娛隹色頹齡制晚貞
效陶頻把露羡屈自餐英展画秋容美槎溪酒共傾

楊金

瞟城秋色總稱奇倍覺槎溪花事宜佛頂喜容開滿
院恰隨斑舞介龐眉

其二

誰將尺素繪林丘點綴霜華第一流持向慈恩堪獻
壽遥同甘谷紀春秋

郭鳳岐

種得名花愛晚香籬邊朶朶傲霜黄園丁莫怯秋風
冷摘取金英進紫觴

其二

高人潑墨寫芳叢尺幅千花奪化工槎里何殊甘谷
裏一溪芳液壽仙翁

范具甲

種菊非因悟息機延齡端的爲親祈籬邊放出三秋
景五色斑斕勝綵衣
其二
名園秋色鬬霜姿画裏傳來擬未知添得望中人載
酒眞成全幅小東籬
孟亮
花爲開遲獨出奇一天秋色到槎溪幅巾藜杖閒貪
看收拾冷香作晚虀
其二
金菊叢開高士家柴桑別是一天涯逢人共說陶公

愛那復更稱隱逸花
王犨
拚鸞集鳳事尋常覓得金翹佐壽觴楚客如知應自
悔餐英猶是負秋香
其二
懷中小橘耀金黃膝下承歡喜欲狂爭似溪邊勤種
菊西風吹放一庭香
陳正心
爲重延年種東籬託意深披圖花萬朶難寫愛親心
張步瀛

疁城到處藝名花爭似槎溪有異葩壘史王郎傳國
手圖成筆底起烟霞
其二
近水園亭徧種花枝枝葉葉爛明霞秋光娛綵時開
宴不數柴桑處士家
唐宗聖
種菊九秋天用心敬且專務滋根本茂曲曲引流泉
删去繁枝葉莫使蔦蘿牽淸風琢玉盞旭日鑄金錢
夜息寒露潤香氣倍悠然老親見色喜得意欲忘年
開尊邀勝友醉到月娟娟人生有此樂居然陸地仙

王郎善丹青繪出古今傳
張兆登
東籬久羨陶元亮藝菊圖中更迴然不是掇英供嘯
傲分明戲綵娛高年寒香酒熟思韓節四韻詩成憶
帝賢莫道南陽甘谷好槎溪流水自潺湲
魯一貞
槎溪溪上老萊居三徑黃花奉板輿借問溪中花下
水菊潭芳烈較何如
其二
陶圃秋香晚更濃餐英把酒樂融融王郎肯寫千千

幅錫類還教徧大東

張大謨

陶公高雅是吾師人淡無言那得知載酒滿園舒曠眼悠然不盡性天時

其二

東籬但放幾枝鮮色笑堂前試一撚愛日何妨終徙倚黃花須插滿頭妍

王晦

甫里由來景物嘉不爭濃艷愛清華秋風采采東籬下翹祝南山未有涯

其二

晚香流處見清泉泉自仙源足引年佳日相逢開口笑與君沉醉鶴江邊

其質

聞說延齡有菊英披圖逸興自然生笑攜靈壽籬邊立滿院精神尺幅橫

其二

黃花晚節古稱奇繪出金精不老枝若待秋深纔得見一年一度費相思

培元

園亭秋爽絶纖塵百卉爭妍晩更珍端爲繁英能益
壽徧載山麓好娛親

其二

竹林深處數枝斜點染縱横飽墨華曾望精神晉卿
筆宛然風景是陶家

張煒

一幅鵞溪染筆工寒香遶徑發霜叢不須浪引南山
句自是松陵舊世風

其二

窈窕名園曲曲籬淡烟疎雨一枝枝斑衣戲舞秋風

裏正是黄花初放時

張庭光

爛漫秋光一圃收晩香飄處興悠悠武陵實向瞟城
結甘谷泉趨楼水流已羨圖中誇壽客還從籬畔祝
仙籌名花好共萊衣舞豈學柴桑矯首遊

張世陳

卜築清幽似洞天課花着意傳延年非關欲踵陶家
事取作蟠桃便昔賢

其二

芳菲滿院不尋常更可延齡是晩香介壽堂前觴舉

日竟移春酒在重陽

周彝

昔君種菊槎溪上園林詩酒供跌宕前年種菊在松
滋皋比絳帳光陸離卽今種菊兼種花洞天三十六
層霞幔亭山色看不足武夷滿住列仙家仙家名花
無不有紅紫斑斕堆瓊玖天際雙鳧冉冉來看花心
事常無負綠野堂邊萬木深階前流水雜鳴琴根荄
也應鋤非種琅玕瑤草自成陰語君種菊須種茶龍
團鳳餅詎足誇他年鬬茗樂無涯建溪香味果第一
待君歸看掖垣花

王復禮 有引

歸去來辭云三徑就荒松菊猶存故周子云
菊花之隱逸者也陶後鮮有聞是淵明嘗愛
菊矣亦未有如陸圃之美且多也然陶集中
無專咏菊詩其散見于他作者有五不揣足
成以續于貂後

秋菊有佳色樹近具慶軒天倫得眞樂忘憂何用萱
陶令自怡悅明府娛親顏同輿不同調萬里看鵬騫

其二

請安視膳餘采菊東籬下試問欲何爲釀酒進杯斝

湧泉出孝魚懷橘勝龍鮓養志發祥長花開徧綠野

其三

黃白傳鄧州槎溪炫奪目晚香歲歲栽今生幾叢菊
五美逞千奇劉譜未曾錄壽客日承歡高堂膺茀祿

其四

甘谷手藝花年高老耕釣石谷花生手圖形稱墨妙
展卷闘仙姿芳菊開林耀四季永不凋時時供一笑

其五

玉露滋金蕋秋英被日精弘才號淹雅純孝感嚶鳴
晚圃黃花滿華堂白髮盈誠哉彭澤句菊為制頹齡

黃叔琳

錦麟黃鶴溪堂種微葉疎莖太白詩寫入畫圖誰會
得劉家譜幀未曾知

其二

嘯傲東軒未有期紫英黃萼寄遐思鄧州移取栽花
縣想見卿觴良月時陶淵明詠菊詩卿觴念幽人又厭厭覺良月

彭始摶

色養兼微祿黃花取次栽蕭然山下客時見舞衣開
甘谷遺嘉賓秋畦勸舉杯誦詩滿篋衍遥爲補南陔

戚麟祥

西風吹上傲霜枝婉娩黃花晚節宜千古高風陶令
最五男曾否灌東籬
其二
采蘭詩句補南陔未抵延年入酒盃費許栽培供色
笑一叢叢自孚心開
陳鵬年
畽城花似錦堪佐舞衣斑彭澤方娛老南陽可駐顏
邵璿
餐英夕露下把酒東籬閒聞說潛安縣栽花徧萬山
崇安邑宰臨民日携得家園藝菊圖不爲高堂駐晚

景落英滿地付花奴
其二
閩地有蘭魚魫少宋人品蘭以魚魫爲第一秋籬是菊鶴齡多知
君別有深情在種樹還師郭橐駝
其三
樽俎無由共唱酬故鄉風景望中收蓉湖他日畽城
路一棹樫溪紀勝遊
柴謙
秋色歸何處東籬菊正黃傲霜貞晚節浥露孕幽芳
月引瓊漿溢花兼綵服香娛親慰素志扶杖閱滄桑

潘允敏　調寄滿江紅

紫艷紅英有誰似高人逸韻看一派東籬秋色淡而彌永冉冉香從零露發珊珊骨為凌霜勁問今朝好事復何如柴桑徑　瞰城畔風流剩槎溪上烟霞勝羨花滿平泉松篁交映可制頹齡殊不爽以娛白髮誠多慶料只應子夊染生綃堪持贈

田廣運

夢想陶家五柳莊披來詩卷憶江鄉遥知釀酒冬應熟蔬圃新鋤試早霜

其二

琴書攜作建南行官舍秋花又結盟他日堂開成綠野槎溪風雨正含情

衛良佐

宦途相晤在南閩知是槎溪種菊人秋圃圖成題詠徧為傳歡劇白頭親

其二

百計承歡憶昔時家園尚有菊盈籬銅章綰作溪山主更見栽花遍武夷

何梅

六浮香海空雲烟檀園詩魂屬長夜（謂李長蘅先輩）風流

好事更誰家甫里先生任其下先生有子骨不凡手挽銀河懷抱瀉（用放翁句）讀書尚友愛日長沿牆繞籬花枝亞三時滋植寸草心百年服餌仙人借石谷寫花花有神佳色深心無代謝一麾管領幔亭峯千里依稀白雲舍遥憶花開把盞時糟牀滴瀝聲壓蕉坐看三十六芙蓉兩袖風霜寒可怕却勝姹紫與嫣紅紛紛開落黄鸝罵

林郃楷

潦盡潭泓秋已深遥聞琴署菊成陰幽姿不落春華伍傲骨偏宜寒色侵政暇何妨頻寄興階閒惟此可盟心慙予竟日酣遊玩印景無能效郢吟

湯一水寬

秋花原不比春花（用六一句）耐久清香晚節誇名士趨庭添色養故園手植駐年華濂溪有愛池偏潔清獻無營樹亦嘉信是行藏兼衆美承歡奚止在君家

馮桂雄

霜橋郎當兩袖藏黄花爛漫滿頭粧披圖雅見娛親志槎水原來孝子鄉

其二

河陽花發滿琴堂菊與梅花競晚香春至探梅秋種

菊淵明清獻兩相當

周廣

秋園綴錦似飛霞秋色欣看晚可誇三徑清風吹綠草一籬明月襯黃花娛親正值詩情發延客還餘酒興賒從此槎溪名已著傳來徧識使君家

顧嘉譽

佳色東籬遍吐金娛親不藉綵衣襟霜毫好倩王郎手寫出春暉一片心

其二

栽培晨夕費精神總爲延齡寄意真試問柴桑惟自愛何如槎水篤天倫

鄭朝極

品花梅菊最稱優梅占春芳菊占秋清獻長留千古韻東籬芬馥任君收

其二

臨池曾咏並頭荷（署中蓮開有雙頭之瑞公爲賦詩紀勝）秋日更從菊圃過郤喜政閒搜異趣種花不讓河陽多

劉秉鐸

爭妍吐蕋滿籬東葉葉枝枝拄朔風移向署間閒賞鑒相隨舞鶴立花中

其二

餐英自昔可延年秋色芳菲映碧天清獻遺梅高古哲公侯愛菊繼前賢

其三

捧讀瑤篇遠俗情絶如李杜句清新效顰自愧難相擬敢向詩壇結社盟

其四

淺白深紅根茁芽荷戈喜有菊生涯凌霜挺秀榮同桂帶露含香味勝茶

金四德

不須琴鶴遠相隨携得槎溪藝菊詩花作斑斕飛綵袖香流甘谷遶疎籬滿懷磊落藏秋水數徑清芬到武夷豈獨獻梅多傲節繪來霜傑兩爭奇

江清

娛親多種傲霜花秋至東籬景更嘉白映曙光渾皎玉紅臨晩照染新霞風飄嫩蕋盈盈動日曬濃英故故斜為羡槎溪能孝養清高端不讓陶家

丘天縱

高人蘊藉不尋常卜得名園種傲霜開徑清幽存養志移叢點綴佐傳觴承歡膝下花添色覓句籬邊字

帶香雙袖翩翩長舞綵一年一度領芬芳

賴元嚴

使君栽菊不虛名閒游圍中趣自生玉露凉滋秋色瘦金風冷透晚香清長懷往日矜高節更喜延年咀落英勝過柴桑陶令種羣公幽賞酒杯盈

吳亦璘

槎溪家學有淵源懷橘曾傳孝子門祗為娛親頻種菊偶因愛客復開樽香分歷落花三徑秋綻紅黃錦一圍撫卷宛然聆色笑斑衣遙憶昔晨昏

其二

陶公千古有知音開逕承歡用意深藝菊未忘孺慕性披圖如見養親心尊傾玉液香盈座秋滿閒庭鶴聽琴畢日榮歸看綠野籬邊蘭桂正森森

丘廷文

黃花勁節幾經秋為喜名流氣味投籬下眼看欣色艷槎溪靜寫展圖留清同野鶴繞幽徑香逾寒梅遍碧洲荻水奉親多種菊恒隨戲綵共優游

金天驄

自有寒花堪作壽高蹤豈必效淵明圖中白雪凌雲和籬畔黃花挂月横馥馥香芬盈綵袖悠悠秋色醉

餐英名山更喜歌仙吏携得青梅又晉觥

劉師恕

環圃清波泛菊香槎溪景物似南陽飄然杖履西風外一逕穿花入壽鄉

其二

傲霜乃在開花後畏日先於展葉時晚節養成原不易秋風未到好扶持

鄭任鑰

秋花自比春花好逸態高標足扶老種花仙吏能娛親萬種千叢鬬霜早昔日鄉園已滿栽今朝官舍又繁開晚時臥閤清風動散出寒香一縣來

龔鐸

我愛江南陸內史閉門無事種籬花霜風初冷金英綻占斷秋光是汝家

其二

却嫌桃李競春榮獨向花中擅隱名底事幽人偏愛惜此心已共歲寒盟

張世祺

花開晚節露香濃一片秋光三徑中疑是主人元亮侶原來杞菊有家風

其二

把酒東籬嘯咏頻多君樂事滿天倫批圖渾識槎溪路他日扁舟好問津

秦道然

柴桑舊說幽人宅甫里新傳孝子家心切白華怡白髮欲憑黃菊變黃芽團團曉裛難禁露采采晨餐直抵霞靈樹更逢栽植法後凋誰復記年華

宋筠

東籬結就槎溪上地近檀園最清曠萬花叢裏著書成武夷却展新圖障家風甫里浩烟霞杞菊成畦更種花北苑自應趨顧渚試向晴牕品雪芽

郭孫順

釀土分叢卒歲忙由他凡卉競春陽嚴霜歷後繁英茂傲骨從來重晚香

其二

扶持鳩杖步籬間紫蟹黃雞索笑顏種就夕陽秋一片年年相映彩衣斑

其三

勝地名流跡未遐百年風雅又君家披圖彷彿檀園句秋入吾廬景物賒

其四

摘將芳瓣成仙醖採取新苗佐野蔬亦有小園秋色裏草荒三逕欲何如

陳嘉猷

圖成藝菊生綃燦逕識槎溪陸氏園養志獨能栽徑遍延齡却喜綴籬繁花承色笑傳雙筆人賦金英勸一尊更自板輿潘縣去柴桑勝事重璵璠

黃叔璥

瑟瑟孤芳月作鄰把鋤三徑傲天民甘泉湛澈瓷鉼汲厭浥瓊漿嗽玉津

其二

紫萼黃英相對出露華霜蕊迭將來槎溪遠繼柴桑躅半畝芳園百本開

其三

誰剪鵞黃寫鶴翎離披橫幅括黃庭金翹壽客南軒侶惹得詞家注菊經

其四

名園結撰九秋槃子舍精嚴杖履寬花紉黃裳英細茹鼎烹綵舞等閒看

吳鍋

潘令家園稱壽年栽花宜傍寢帷邊秋英唯愛南陽種冬筍應將孟氏傳醇釀甕頭人嬰鑠斑衣叢內舞蹁躚承歡采拾多餘味五美同餐盡可仙

范長發

豈爲秋光託興孤尚餘三徑未全蕪悠然坐愛南山逝好續淵明種菊圖

其二

橘井丹砂足引年杖藜况對九秋天知君雅有東籬興吸露餐英卽是仙

范允錡 調寄喜遷鶯

披烟籠月被菊花占了重陽一節傲骨清妍長身勁竦風度自然高潔種向小堂三徑插棘埋盆羅列須記取是陳根重茂晚香全別 寒徹抵多少兒女枝頭秋老都休歇栗里先生南陔孝子供養天花奇絕紗帽隱囊相對玉蕊金英映發人盡道勝紆青拖紫春穠如揭

郭嶶祚

百花開遍不曾開開日花枝已盡摧無限霜籬秋色綻延齡常向北堂栽

其二

昔日南村卜築邊槎溪風味更悠然倩他好手勾描出留得佳名畫裏傳

孫紹曾

甫里名園舊有聲羣芳搖落重金英獨看晩節侵晨翠更把秋容向夜明嘉客登臨三徑近椿庭呵護一身輕河陽桃李都如錦留得吳淞風韻清

高玢

宛爾東籬處士家居然晩節擅清華安仁空有閑居賦不種人間冷淡花

其二

未到槎溪情自移紫薑青筍盡凡姿可能繪出徵君意滿徑秋光泛玉巵

王賚

粲粲東籬英清光繞書屋剪剪西風輕盈盈手堪掬濂溪每愛蓮淵明偏愛菊古人各會心聊以媚幽獨陸子負奇姿寄情異流俗秋色澹於人對之悅心目豈惟娛一時曠懷更遐矚菊潭水清淺甘美可常服以茲奉高堂百齡應可卜不憚灌溉勤編籬復插竹長使黃金色敷榮滿空谷老人畫作圖烟雲生尺幅粼粼水石間吾願從適軸

顧仔

聞道槎溪樂事賒承顏特自藝霜葩掇英已足供罄

藥句漏還思去問砂

其二

劚茯斸芝事豈無制頹得藥又何須王維寫意東籬

外蒼翠南山是壽圖

吳之錡

聞道槎溪景最奇名花宜畫亦宜詩東籬好句南宮

筆都入披圖展玩時

程如絲

曉香莫訝菊開遲移向溪園種幾枝潘岳賦中芳思

好不須重擬和陶詩

李瓊菁

不愛春華鬬艷陽教童種菊向溪傍三時養就幽人

操九月還舒曉節香懷橘遺親傳世美培英餐老達

天艮披圖却信丹青好描寫融融樂事長

陳世昌

冰姿皎皎自瑤臺欲伴黃英帶露開賦質似殊籬下

種鍊形疑是月中胎光分吳苑凝胭粉色借含章點

額梅雅稱使君純孝思娛親曉節泛瓊杯

出版説明

《槎溪藝菊志》八卷，清陸廷燦編撰。清康熙棣華書屋刻本。半頁十行，行二十字。黑口，雙魚尾。書前有陸廷燦所録硃印『御製菊賦』及康熙戊戌王復禮序，次爲凡例。

陸廷燦（約一六七八—一七四三），字扶照，一字秩昭，自號幔亭，江蘇嘉定人（今上海市嘉定區）。康熙年間以貢生例入仕，歷任福建崇安縣知縣、候補主事等職。後稱病返鄉，隱居陶圃。陸廷燦工詩，學識淵博，從學於當時詩壇領袖王士禎、宋犖，并因『性嗜茶』，通曉茶事而負有盛名。著有《續茶經》、《藝菊志》、《南村隨筆》等著述十數種，其中《續茶經》輯入《四庫全書》，《藝菊志》和《南村隨筆》列爲《四庫全書》存目。

《槎溪藝菊志》一書爲陸廷燦居於南翔鎮（古名槎溪，位於今上海市嘉定區）時所作。陸廷燦在當地栽植奇種菊花數畝，同時代的大畫家王翬特爲繪制《藝菊圖》一幅，一時文人名流多爲題詠。陸廷燦便藉此廣征歷代菊事編撰成此書。全書共八卷，分考、譜、法、文、詩、詞等六類，以『自經、史、子、集言菊者，

則爲考；從來名種流傳，騷人墨客品題者，則爲譜；藝植灌溉，因時得宜，養胎護苗，扶弱除害，則爲良法；其自古迄今，或賦或詩，或詞或記，諸體無不窮采，以爲佳友流芳，晚香增色，則有藝文；并以藝菊圖題辭附焉。其采集富博，條理秩如，藝菊之能事畢矣』（周中孚《鄭堂讀書記》）。可以説，《槎溪藝菊志》是前人研究、培養、品題菊花的重要著作。

今鑒於該書豐富的文化内涵和較高的版本價值，此次中國書店據所藏《槎溪藝菊志》康熙刻本爲底本影印，一方面爲古籍文獻整理做出了貢獻，一方面也爲廣大讀者提供了一套重要文獻資料。

中國書店出版社
壬辰年春

图书在版编目(CIP)数据

槎溪艺菊志 /（清）陆廷灿编撰. —影印本. —北京：中国书店，2012.5

ISBN 978-7-5149-0342-3

Ⅰ.①槎… Ⅱ.①陆… Ⅲ.①菊花—观赏园艺 Ⅳ.①S682.1

中国版本图书馆CIP数据核字（2012）第076180号

ISBN 978-7-5149-0342-3

9 787514 903423 >

槎溪藝菊志 一函四册

作者 清·陸廷燦 編撰

出版發行 中國書店

地址 北京市琉璃廠東街一一五號

郵編 一〇〇〇五〇

印刷 杭州蕭山古籍印務有限公司

版次 二〇一二年五月

書號 ISBN 978-7-5149-0342-3

定價 九八〇元